书馆自然 中国国家公园丛书

RENJIAN SHENGJING

人间圣境

-香 格 里 拉 普 达 措-

徐珂　著

中国林业出版社
CFPH China Forestry Publishing House

出版人
刘东黎

策划
纪亮

编辑
何增明　孙瑶　盛春玲
张衍辉　袁理

总序

一

我国于2013年提出“建立国家公园体制”，并于2015年开始设立了三江源、东北虎豹、大熊猫、祁连山、海南热带雨林、武夷山、神农架、香格里拉普达措、钱江源、南山10处国家公园体制试点，涉及青海、吉林、黑龙江、四川、陕西、甘肃、湖北、福建、浙江、湖南、云南、海南12个省，总面积超过22万平方公里。2021年我国将正式设立一批国家公园，中国的国家公园建设事业从此全面浮出历史地表。

国家公园不同于一般意义上的自然保护区，更不是一般的旅游景区，其设立的初心，是要保护自然生态系统的原真性和完整性，同时为与其环境和文化相和谐的精神、科学、教育和游憩活动提供基本依托。作为原初宏大宁静的自然空间，它被国家所“编排和设定”，也只有国家才能对如此大尺度甚至跨行政区的空间进行有效规划与管理。1872年，美国建立了世界上第一个国家公园——黄石国家公园。经过一个多世纪的发展，国家公园独特的组织建制和丰富的科学内涵，被世界高度认可。而自然与文化的结合，也成为国家公园建设与可持续发展的关键。

在自然保护方面，国家公园以保护具有国家代表性的自然生态系统为目标，是自然生态系统最重要、自然景观最独特、自然遗产最精华、生物多样性最富集的部分，保护范围大，生态过程完整，具有全球价值、国家象征，国民认同度高。

与此同时，国家公园也在文化、教育、生态学、美学和科研领域凸显杰出的价值。

在文化的意义上，国家公园与一般性风景保护区、营利性公园有着重大的区别，它是民族优秀文化的弘扬之地，是国家主流价值观的呈现之所，也体现着特有的文化功能。举例而言，英国的高地沼泽景观、日本国立公园保留的古寺庙、澳大利亚保护的作为淘金浪潮遗迹的矿坑国家公园等，很多最初都是传统的自然景观保护区，或是重点物种保护区以及科学生态区，后来因为文化认同、文化景观意义的加深，衍生出游憩、教育、文化等多种功能。

英国1949年颁布《国家公园和乡村土地使用法案》，将具有代表性风景或动植物群落的地区划分为国家公园时，曾有这样的认识："几百年来，英国乡村为我们揭示了天堂可能有的样子……英格兰的乡村不但是地区的珍宝之一，也是我们国家身份的重要组成。"国家公园就像天然的博物馆，展示出最富魅力的英国自然景观和人文特色。在新大陆上，美国和加拿大的国家公园，其文化意义更不待言，在摆脱对欧洲文化之依附、克服立国根基粗劣自卑这一方面，几乎起到了决定性的力量。从某种程度上来说，当地对国家公园的文化需求，甚至超过环境需求——寻求独特的民族身份，是隐含在景观保护后面最原始的推动力。

再者，诸如保护土著文化、支持环境教育与娱乐、保护相关地域重要景观等方面，国家公园都当仁不让地成为自然和文化兼容的科研、教育、娱乐、保护的综合基地。在不算太长的发展历程中，国家公园寻求着适合本国发展的途径和模式，但无论是自然景观为主还是人文景观为主的国家公园均有这样的共同点：唯有自然与文化紧密结合，才能可持续发展。

具体到中国的国家公园体制建设，同样是我国自然与文化遗产资源管理模式的重大改革，事关中国的生态文明建设大局。尽管中国的国家公园起步不久，但相关的文学书写、文化研究、科普出版，也应该同时起步。本丛书是《自然书馆》大系之第一种，作为一个关于中国国家公园的新概念读本，以10个国家公园体制试点为基点，努力挖掘、梳理具有典型性和代表性的相关区域的自然与文化。12位作者用丰富的历史资料、清晰珍贵的图像、深入的思考与探查、各具特点的叙述方式，向读者生动展现了10个中国国家公园的根脉、深境与未来。

二

地理学家段义孚曾敏锐地指出，从本源的意义上来讲，风景或环境的内在，本就是文化的建构。因为风景与环境呈现出人与自然（地理）关系的种种形态，即使再荒远的野地，也是人性深处的映射，沙漠、雨林，甚至天空、狂风暴雨，无不在显示、映现、投射着人的活动和欲望，人的思想与社会关系。比如，人类本性之中，也有“孤独和蔓生的荒野”；人们也经常会用“幽林”“苦寒”“崇山”“惊雷”“幽冥未知”之类结合情感暗示的词汇来描绘自然。

因此，国家公园不仅是“荒野”，也不仅是自然荒野的庇护者，而是一种“赋予了意义的自然”。它的背后，是一种较之自然荒野更宽广、更深沉、更能够回应某些人性深层需求的情感。很多国家公园所处区域的地方性知识体系，也正是基于对自然的理性和深厚情感而生成的，是良性本土文化、民间认知的重要载体。我们据此确立了本丛书的编写原则，那就是：“一个国家公园微观的自然、历史、人文空间，以及对此空间个性化的文学建构与思想感知。”也是在这个意义上，我们鼓励作者的自主方向、个性化发挥，尊重创新特性和创作规律，不求面面俱到和过于刻意规范。

约翰·赖特早在20世纪初期就曾说过，对地缘的认知常常伴随着主体想象的编织，地理的表征受到主体偏好与选择的影响，从而呈现着书写者主观的丰富幻想，即以自然文学的特性而论，那就是既有相应的高度、胸怀和宏大视野，又要目光向下，西方博物学领域的专家学者，笔下也多是动物、植物、农民、牧民、土地、生灵等，是经由探查和吟咏而生成的自然观览文本。

所以，在写作文风上，鉴于国家公园与以往的自然保护区等模式不同，我们倡导一种与此相应的、田野笔记加博物学的研究方式和书写方式，观察、研究与思考国家公园里的野生动物、珍稀植物，在国家公园区域内发生的现实与历史的事件，以及具有地理学、考古学、历史学、民族学、人类学和其他学术价值的一切。

我们在集体讨论中，也明确了应当采取行走笔记的叙述方式，超越闭门造车式的书斋学术，同时也认为，可以用较大的篇幅，去挖掘描绘每个国家公园所在地区的田野、土地、历史、物候、农事、游猎与征战，这些均指向背后美学性的观察与书写主体，加上富有趣味的叙述风格，可使本丛书避免晦涩和粗浅的同类亚学术著作的通病，用不同的艺术手法，从不同方面展示中国国家公园建设的文化生态和景观。

三

我们不追求宏大的叙事风格，而是尽量通过区域的、个案的、具体事件的研究与创作，表达出个性化的感知与思想。法国著名文学批评家布朗肖指出，一位好的写作者，应当“体验深度的生存空间，在文学空间的体验中沉入生存的渊薮之中，展示生存空间的幽深境界”。从某种意义上来说，本书系的写作，已不仅关乎国家公园的写作，更成为一系列地域认知与生命情境的表征。有关国家公园的行走、考察、论述、演绎，因事件、风景、体验、信念、行动所体现的叙述情境，如是等等，都未做过多的限定，以期博采众长、兼收并蓄，使地理空间得以与“诗意栖居”产生更为紧密的关联。

现在，我们把这些弥足珍贵的探索和思考，用丛书出版的形式呈现，是一件有益当今、惠及后世的文化建设工作，也是十分必要和及时的。“国家公园”正在日益成为一门具有知识交叉性、系统性、整体性的学问，目前在国内，相关的著作极少，在研究深度上，在可读性上，基本上处于一个初期阶段，有待进一步拓展和增强。我们进行了一些基础性的工作，也许只能算作是一些小小的“点”，但“面”的工作总是从“点”开始的，因而，这套丛书的出版，某种意义上就具有开拓性。

“自然更像是接近寺庙的一棵孤立别致的树木或是小松柏，而非整个森林，当然更不可能是厚密和生长紊乱的热带丛林。”（段义孚）

我们这一套丛书，是方兴未艾的国家公园建设事业中一丛别致的小小的剪影。比较自信的一点是，在不断校正编写思路的写作过程中，对于国家公园自然与文化景观的书写与再现，不是被动的守恒过程，而是意义的重新生成。因为“历史变化就是系统内固定元素之间逐渐的重新组合和重新排列：没有任何事物消失，它们仅仅由于改变了与其他元素的关系而改变了形状”（特雷·伊格尔顿《二十世纪西方文学理论》）。相信我们的写作，提供了某种美学与视觉期待的模式，将历史与现实的内容变得更加清晰，同时也强化了“国家公园”中某些本真性的因素。

丛书既有每个国家公园的个性，又有着自然写作的共性，每部作品直观、赏心悦目地展示一个国家公园的整体性、多样性和博大精深的形态，各自的风格、要素、源流及精神形态尽在其中。整套丛书合在一起，能初步展示中国国家公园的多重魅力，中国山泽川流的精魂，生灵世界的勃勃生机，可使人在尺幅之间，详览中国国家公园之精要。期待这套丛书能够成为中国国家公园一幅别致的文化地图，同时能在新的起点上，起到特定的文化传播与承前启后的作用。

是为序。

刘东黎

2021 年 6 月

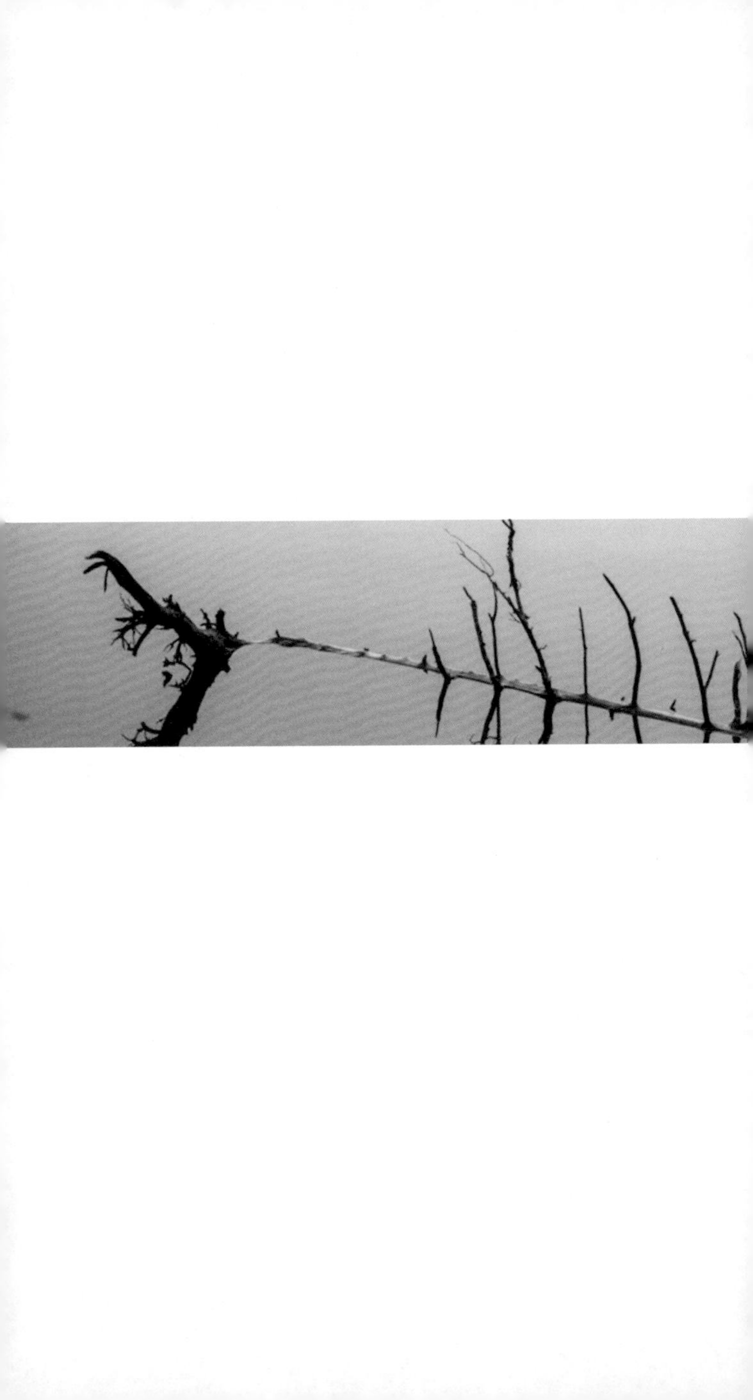

目 录

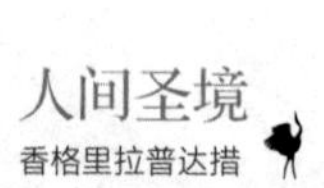
人间圣境
香格里拉普达措

寻找
香格里拉

1933年4月，英国作家詹姆斯·希尔顿（James Hilton）的著名小说《消失的地平线》（*Lost Horizon*），由伦敦麦克米伦出版社出版。小说讲述的是20世纪30年代，四名西方人因为一次意外而来到一个陌生的地方——神秘的中国藏区，经历了一系列不可思议的事件。作品描绘了一个隐藏在中国西南部的净土乐园——充满祥和、宁静、永恒和神秘色彩的藏族生息之地。在那里，三条河流交汇在一起，群山高耸入云，山顶白雪皑皑，大地绿草茵茵，大峡谷的谷底有藏量丰富的金矿。在这个叫作香格里拉的地方，居住着以藏民族为主的数千居民，居民的信仰和习俗虽不相同，有儒、道、佛等教派，但彼此团结友爱，幸福安康。在山谷中，人们活得逍遥自在，静静地享受着阳光和雪山的恩赐，却对山谷的黄金不屑一顾。在香格里拉有许多神秘、奇妙的事情。最令人惊奇的是，这里的居民都十分长寿，许多人超过了百岁仍显得很年轻。长期修藏传密宗瑜伽的最高喇嘛据说有250多岁，理政香格里拉已达100多年。然而，香格里拉的居民如果离开了山谷，便会失去他们的年轻。

在香格里拉的所有领域，当地人在处理各教派、各民族、人与人、人与自然的关系时，都遵循着“适度”的美德，认为人的行为有过度、不及和适度三种状态，过度和不及都是罪恶的，只有适度才是最完美的。香格里拉是一个多民族、多宗教、多文化、多种气候、多种地理兼容并存的地方，是一个融雪山、冰川、峡谷、森林、草甸、湖泊于一体，自然环境异常美妙的多彩世界，是人类的理想家园。

《消失的地平线》出版后，立刻在欧美引起了轰动，很快畅销世界，并获得了英国著名的霍桑登文学奖，从此在全球范围内形成了一股寻找理想王国香格里拉的热潮。“香格里拉”一词，从此成为永恒、和平、宁静的象征，成为人们追求的理想境地。权威的《不列颠文学家辞典》特别称颂此书的功绩之一是，为英语词汇创造了“世外桃源”一词——“Shangri-la”。

1937年，好莱坞投资250万美元将小说拍成同名电影《消失的地平线》，上映后轰动全球，连续三年打破票房纪录，并获得

明镜般的属都湖（杨旭东 摄）

1938年第10届奥斯卡最佳剪辑和最佳艺术指导两个奖项，将香格里拉的名声推向高峰。电影主题歌《这美丽的香格里拉》随之传遍全球。几年后，该片传入中国，译名为《桃花源艳迹》。“艳迹”一词明显沾染上了弥漫上海滩的风尘气息，但以“桃花源”对“香格里拉”可以说恰如其分。当时正值日本侵华，这部电影给战乱中的中国人带来了短暂的心灵慰藉。

据说，作者创作此书的灵感，来自奥地利美籍探险家约瑟夫·洛克在美国《国家地理》杂志发表的系列文章和照片。约瑟夫·洛克其人确是与滇西北有着不解之缘的传奇人物。1923年，约瑟夫·洛克受聘于美国《国家地理》杂志社，被任命为美国国家地理协会云南省探险队长并派往中国。从1924年到1935年，洛克用9篇有关中国的文章和大量的黑白及彩色照片，将这个神秘国度带给世人。约瑟夫·洛克踏遍了中国西南部壮丽雄奇的雪山冰峰，与他那些喜欢穿藏族服装的纳西族助手们结下了深厚友谊。滇西北这片世外桃源般的神奇土地及其文化，成为终身未婚的洛克大半辈子的精神依托和伴侣，以至于他在弥留之际留下遗言："宁愿回到玉龙雪山的鲜花丛中死去。"这样一位不平凡的人物，在西方社会文人学士必读的著名刊物《国家地理》杂志上发表的长篇纪实散文，把富于异国情调的滇西北民族风情以及雪山冰峰的气息带进各国读者、特别是欧美读者的居室，自然也引起他同时代的英国著名作家詹姆斯·希尔顿的注意和兴趣，并引发了他创造“香格里拉”意境的灵感。

《消失的地平线》为人们描绘了一个“世外桃源”的同时，也给香格里拉罩上了一层神秘的面纱。“香格里拉”这个富有诗意的所在，从此成为西方人魂牵梦萦的远方。它究竟在哪里？这一直是世界之谜。詹姆斯·希尔顿给读者创造了一个人类理想的天地，也为人们留下了一个值得寻觅探解的话题。半个多世纪以来，旅行、探险、民族学、宗教学、地理学等各路方家为之而苦苦探寻着，他们似乎找到了，又好像没找到。因为，在中国的西南边陲，处处都像詹姆斯·希尔顿笔下的香格里拉一样，祥和，宁静，纯净，永恒。那里的人民民风淳朴，安居乐业，仿佛生活在净土乐园一般。与其说香格里拉在现实世界中，不如说香格里拉在人们的心里。

半个多世纪以来，“寻找香格里拉”的活动没有停止过，各种争议也没有停止过。直至20世纪90年代中期，经多方考证证实：举世寻觅的世外桃源——香格里拉就在中国云南迪庆藏族自治州。1997年9月，云南省政府在迪庆州府中甸县召开新闻发布会发布了这一消息。2001年12月17日，经国务院批准，中甸县更名为香格里拉县。2014年12月16日，香格里拉撤县设市。香格里拉，终于从遥不可及的云端降临尘世人间。

“香格里拉”一词，源于藏经中的香巴拉王国，藏语意为“心中的日月”，英语发音源于中甸藏语方言。在藏传佛教的发展史上，它一直作为“净土”的最高境界而被广泛提及，在现代词汇中它又是"伊甸园、理想国、世外桃源、乌托邦"的代名词。而现实中的香格里拉，位于云南省西北部、青藏高原横断山区腹地，是滇、川、藏三省区交界地，也是世界自然遗产"三江并流"景区所在地。香格里拉藏区历史悠久，自然风光绚丽，拥有香格里拉普达措国家公园、独克宗古城、噶丹松赞林寺、虎跳峡等景点，堪称现实版的世外桃源。

近百年来，这一地区除了盛行藏传佛教外，还有东巴教、儒教、道教、苯教、天主教、基督教、伊斯兰教并存。当地人不仅与自然和谐相处，与不同信仰的各兄弟民族也相处得十分和谐。

香格里拉的白云很白、很低，似乎伸手就可以抓到。公路边的鲜花烂漫馨香，惹人心醉。我想，这里之所以成为香格里拉，绝不仅仅是因为“三江并流”的梅里雪山，奔腾咆哮的虎跳峡，开满杜鹃的碧古天池，牛羊成群的高山草甸，以及那些不太知名、却有着绝美风光的山川湖泊。更重要的是，这里的每一处风光，都需要你停留、驻足，带着一颗虔诚的心去发现才能真正看到。

香格里拉是一个充满神秘色彩的地方。

在这里，你的心会静得像湖水一样，忘记烦恼，忘记尘世。你能坦然地放飞自己的灵魂，把自己融入这片山水之中，享受这清静之地。香格里拉以自己的和谐、适度、神秘、忘忧、正义、秩序、文明、和平、自然、美丽和幸福，站在一个适合人类触及的高度，被凝望，被抚摩，被怀想，被解读。

这里也是人类在世间营造的乐园。香格里拉的居民以藏族为主，还有汉族、纳西族、白族、彝族、傈僳族等十几个民族，人口大约16万，是云南面积最大、人口最少的县级市。十几个民族像石榴籽一样紧紧抱在一起，像兄弟姐妹一样团结友爱。彼此虽有风格习惯的差异，但无利害关系的冲突。

当然，作为虚构的文学作品，小说与现实肯定无法一一对应。现实中的“香格里拉”，未必就是小说中的那个地方。但是，人类作为一种有思想的高等动物，除了俗世生活以外，总还要有理想、有梦想、有幻想的。香格里拉，就是帮助你实现梦想的一个世外桃源；而普达措，正是这世外桃源中熠熠生辉的一颗璀璨明珠。

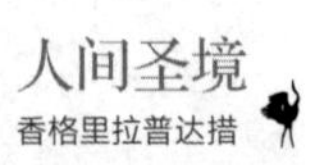
人间圣境
香格里拉普达措

春天，走进普达措

春天，走进普达措

春天，走进普达措，走进一片壮丽无比的天地。

普达措是一座公园，但不是一座普通的公园。

普达措是一座国家公园，而且，是我国第一个“国家公园”。

从香格里拉市区出发，东行22公里左右，就来到普达措国家公园。普达措位于滇西北“三江并流”世界自然遗产中心地带，包括国际重要湿地碧塔海自然保护区和属都湖景区两大部分，也是香格里拉旅游的主要景点之一，海拔在3500米至4159米之间。普达措的总面积非常之大，约有1313平方公里，几乎等于两个新加坡的面积了；不仅如此，这里地貌之复杂，生物品种之丰富，都远远超出我对公园的认知和想象。而我们所能参观、游览的，还只是其中很小很小的一部分游览区。

据说，“普达措”一词来源于梵文音译，是“碧塔海”的藏语原名，意为“舟湖”，就是“苦海慈航之舟，渡众生于苦海彼岸”之意。关于“普达措”，最早的具体文字记载见于藏传佛教噶举派（白教）活佛第十世噶玛巴·曲英多杰（1604—1674年）《曲英多杰传记》中，书中这样记载：“……如是，法王往姜人（指纳西人）辖下的圣地以及山川游历观赏，在建塘（现在的香格里拉县城）边上有一具‘八种德’（即甘甜、清凉、柔和、轻质、纯净、干净、不伤咽喉、有益肠胃）名叫‘普达’的湖泊，犹如卫地观音净土（即

布达拉）之特征。此地僻静无喧嚣，湖水明眼净心。湖中间有一形如珍珠装点之曼陀罗般的小岛矗立其间，环绕湖水，周围是无限艳丽的草甸，由各种药草和鲜花点缀。山上森林茂密，树种繁多，堪称建塘天生之‘普达胜境’。相传岛上建有一个佛殿。”曼陀罗，是藏民族的一种宗教幻想，形似曼陀罗的地方，就是在他们心目中达到“圣境”的地方。藏族把弘扬佛法的地方称为“卫地”，最早的“卫地”在“桑耶寺”一带。后来指“拉萨”，而位于拉萨的布达拉宫又是这重中之重，在藏族人民心中地位崇高，就像一个印章，在他们心中留下了一个深深大大的印迹。但是，活佛噶玛巴希说：“建塘普达，天然生成。”还说，“卫地布达是由人力建构”，而建塘普达“乃为天然显现者也”。这也就是这个叫“普达”的湖泊会被藏民敬奉为“神湖”的原因。

据多方考证，书中所描述的“普达措”就是现在的碧塔海及周边地区，那个形似曼陀罗的小岛也就是现在碧塔海的湖心岛。所以，当有关部门决定将属都湖景区与碧塔海自然保护区合并，建设成为我国第一个国家公园时，“普达措”的名字就成了不二之选。其实，这并不是新名字，只是回归它的本名罢了。

2016年，国家发展改革委正式批复设立香格里拉普达措国家公园体制试点。现在普达措国家公园试点区有四个重要景区：属都湖、碧塔海、弥里塘和藏族传统村落。其

属都湖边的高山牧场（杨旭东 摄）

中，属都湖与碧塔海为两个高原湖泊，被称作姊妹湖，传说是天宫玉女不小心打破玉镜散落人间而形成，所以又有“仙女玉镜坠林海”之说；弥里塘是一个高山牧场，拥有一望无际的迷人草地；而以洛茸村、尼汝村为代表的传统藏族村落，则集中保存和展示了异彩纷呈的藏族村落文化。

皑皑雪山，茵茵草甸，原始森林层层叠叠，碧塔海属都湖碧波荡漾，湖光山色美不胜收。这是地处滇西北“三江并流”世界自然遗产中心地带、迪庆42万各族群众共同守护的家园——普达措。

四月的普达措，湖水映着群山，明亮而静谧。云南气候多变，时而艳阳高照，时而细雨霏霏，时而云雾缥缈，时而微风轻拂。

近处的花草，远方的山林，时隐时现，宛如仙境，情趣盎然。优越的自然条件，使得此处植被丰富，植物茂盛，俨然就是一个天然的植物园。另外，这里还有多处断层崖、林间小涧、深沟峡谷等独特小景交错分布，具有极高的地理科学价值与旅游观赏价值。

普达措的原始生态环境保存完好。这里有明镜般的高山湖泊、水草丰美的高原牧草，也有百花盛开的湿地和茂密的原始森林，景色非常怡人。两边山坡中间是低谷，涓涓溪流肆意流淌。

有水处便有青草，这个季节大多数牛羊都被赶往气候更加温暖的河谷放养，但是还有不畏寒的牦牛和马匹在水边悠然自得地吃草。

在普达措国家公园试点区内，莽莽苍苍

的原始森林中，占地面积最大的树种是寒温性针叶林中的云杉、冷杉林，主要分布在海拔3400米至4300米处。它们大都高达30米以上，树干笔直，直插云霄。

在普达措，不仅是湖泊、草地、森林、雪山等自然美景让人叹为观止，多姿多彩的民族历史文化更令人心生敬意，自然生态景观资源和人文景观资源相得益彰。当地村民们古朴自然的生活方式恍若世外桃源，在他们传统的生活方式中，包涵了宗教文化、农牧文化、民俗风情以及房屋建筑等藏族传统文化，为普达措自然生态景观注入活的灵魂。

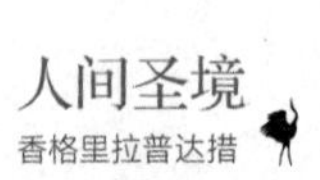
人间圣境
香格里拉普达措

属都湖："众神饮水的地方"

属都湖：
“众神饮水的地方”

来到普达措，首先看到的是一块巨大的石块，横卧在公园入口处，上面立着两只野兽塑像：一头麋鹿挺立前方，昂首远眺；一只金钱豹弓身在后，似乎随时准备扑上前去。不知是追逐嬉戏还是追赶厮杀，却让人仿佛一下子置身于远离人烟的原始森林。而大门上方，五颜六色的经幡在风中猎猎飘扬，又把人拉回现实世界。

穿过大门，前往属都湖，一路沿着一条小河上溯而行，这条河名叫属都岗河，是冲江河的上游，源头正是属都湖。

河流两岸高高低低的高原红柳，像一列列忠诚的卫士，把它贴护得严严实实。每年春暖花开的时节，这里红柳婀娜，野花灿烂，芳草连天，牧群悠悠，那景致赛过了天上人间。五

[illegible]小溪（杨旭东 摄）

月中旬以后，这条路两边的鲜花就开始绽蕾，首先是灰背杜鹃与珍稀植物桃儿七花，然后是锡金报春、偏钟报春与蓝色的西南鸢尾，随着季节的变化，花期也不停地更替，一直延续到八月底。还有一种形似青菜的植物，它是横断山特有的菊科植物——网脉橐吾，当地的人们都叫它酥油草，这种植物在七八月份除了点缀沿途的风景外，还被藏民拿来包裹酥油，据说能起到保鲜作用。

这一路上，不仅可以看到高大的冷杉和云杉，还可以看到成群的牛羊和一种叫沙棘的植物。这种植物可是绝好的美容食品，因为它维生素含量丰富，是橘子的200倍，不过酸度也是橘子的200倍，如果能够忍受这种奇酸的滋味，不妨多采点带回家去。就这样，我们来到属都岗河的源头——普达措的第一个景点属都湖。

见到属都湖，我禁不住暗暗叫了一声“好”！

我从小在水乡长大，于水有一种天然的亲近感。我的家乡在长江北岸、黄海西滨，曾经是沟汊密布的水乡，从小就是在水中泡大的。因此，但凡到一个新的地方，首先留意的是那里的水。有名的如九寨沟的镜海和长海、江西的鄱阳湖、湖南的汨罗江、长白山的天池等等，不太知名的如南阳的丹江口水库、泰州的秋雪湖、大化的红水河……都给我留下深刻的印象。我喜欢看水，也喜欢写水，前面的这些“水”大多都在我的文字中留下了印记。多年来，我走南闯北，要说见过的水也不少了，但普达措的水还是让我眼前一亮，为之惊艳。

普达措位于“三江并流”中心地带，金沙江、怒江、澜沧江在这里形成了“江水并流而不交汇”的奇特自然地理景观，水资源非常丰沛。而属都湖与碧塔海，则是普达措国家公园最耀眼的两颗明珠。相传，天女在天宫梳妆时，不小心将镜子掉落人间，宝镜的碎片散落在地上，形成了许多高原湖泊，碧塔海和属都湖就是其中的两块。碧塔海和属都湖，一个幽静清澈，有沉鱼落雁之姿；一个繁花似锦，为闭月羞花之貌。它们被称为“香格里拉的眼睛”。

属都湖不是一个普通的湖，藏族同胞相信属都湖是众神饮水的地方，因而成为他们心中的圣湖。属都湖，又名硕都湖、蜀都湖、属都岗湖，藏名“属都措”。关于名字的解释，有两个大同小异的说法。一说“属”藏语之意为

属都湖边的高山牧场（杨旭东 摄）

“奶子”，“都”意为“汇集”。“属都湖”意为“乳汁汇集的湖泊”。另一说“属”藏语意为“奶酪”，“都”意为“石头”。传说古代有一位高僧云游到此，牧民给他供奉奶酪，他见这里的奶酪很结实，如同石头一样，大喜，于是祈愿道：“愿这里的奶酪永远如同石头一样的结实。”属都湖由此得名。在湖畔的公示牌上，采用的就是后一种说法。不管哪一种说法，都与藏族同胞最喜爱最重要的食物“奶子”“奶酪”有关，而“乳汁汇集之湖”又是那么的诗意盎然。

沿湖铺着的洁净木栈道是公园管理局为了保护植被而铺设的。木栈道悬空而设，地面的野草野花仍然恣意生长。走在木栈道上，湖面风光尽收眼底。举目远眺，一望无际的湖水明亮如镜，不染纤尘。春风吹拂蓝绿色的湖面，荡起微微的涟漪，风儿携着朵朵细浪跃到湖面上。湖水很清很清，清得能看见水里游动的鱼儿；湖水蓝莹莹，仿佛融进了蓝天、森林、青草的颜色。湖上泛着一片青烟似的薄雾，远望群山，只隐约辨出灰色的山影。湖是静的，湖水像宝石一般宁静，清晰地映出蓝的天，白的云，红的花，绿的树。湖是活的，层层鳞浪随风而起，伴着跳跃的阳光，在追逐，在嬉戏。湖水在水草丛里微微低语，远处不时传来一两只小鸭稚嫩的鸣叫声。湖水在早晨阳光的照耀下闪闪发光，好像许多钻石洒在湖面上。湖面开阔，水天相接，散落在岸边的水草，像一根根丝绸飘带，随着水波轻轻地摆动，把属都湖打扮得更加纯静而优雅；不知名的水鸟在水面滑翔，好听的鸟鸣此起彼伏，充盈着这片清澈的世界。

属都湖海拔3705米，东西长2公里，南北宽0.7公里。积水面积15平方公里，是香格里拉最大的高原湖泊之一，是云南境内海拔最高的地质断层构造湖，平均水深20米。从空中看，整个湖像一只巨大的马鞍。湖水由四周的山溪汇集，从西南的当曲卡流出，注入属都岗河，最后汇入金沙江。因此，这片美丽的湖泊，也是长江的水源地之一。

“行到水穷处，坐看云起时。”王维的诗句描绘了一种令人神往的境界。在属都湖边行走，想要“行到水穷处”几乎是不可能的，但仰首便可见“云起时”。有时云雾缥缈，时隐时现；有时则云海茫茫，有如腾云驾雾一般，情趣盎然。

与湖水相接的是一望无际的高山草甸和高原湿地。因此属都湖又被当地人称为“高原牧场属都湖”，可以想象它在当地藏民心中的位置是很高的。属都湖畔是香格里拉有名的牧场，这里草场广阔，水草丰茂，每年春夏之际，成群的牛羊像泼墨中的静物游弋于湖畔，牧棚星星点点，一派悠然自得的宁静景象。置身湖畔，背负青山，面临绿水，看牛群点点黔黑，听牧笛声声入耳，让人深切地感受到高原人闲放、悠游的生活情趣。原始丛林倒映水中，牧场上三三两两的木棱房依山傍水。藏族同胞逐水草而居，牲畜就是他们全部的家当，是他们生活的主要来源。而草场就是上天为牲畜播散的粮食，有了草场才有了牲畜；有了牲畜，才有了藏民幸福的生活。

四月的草甸，风也柔和了，草已返青，颜色由黄渐转绿，草地上零星散布着白色的、红色的不知名的野花。青青的草地上有成群的牦牛和黑山羊在悠闲地埋头吃草。再过两个月，山坡上的草就全绿了，野花也逐渐开放，渐渐地进入旅游季节。到了夏天，这里非常凉爽，晚上甚至还有点冷，是避暑的好地方。湖边，有几匹马在踱步，有一只幼马依偎在母马的身边吃奶，那场景会让每一个人感动。牦牛在吃草，它不会因为你的到来而惊慌失措，这里是它的家，它对一切友善的客人都是友善的。在这里你能看到人与动物、人与自然如此和睦地相处着，你能看到和谐的、原始的、自然的人间大美。

属都湖不仅有水草的点缀，还享受着大山的呵护，湖岸边就是连绵起伏的群山，它们就像海浪一样，一波接一波地向前奔涌。属都湖四周青山郁郁，原始森林遮天蔽日。那里有高耸入云的杉树和古老的野杜鹃花树。在不同的海拔和阴阳坡，还可以看到箭竹、苔藓、忍冬、云杉、高山松、高山栎、短刺栎、红杉、红桦、山杨、白桦等。从草甸和水生植物上看，主要为蒿草草甸，水生植被主要为香满群落、光叶眼子菜群落、狐尾群落、梅花藻群落等。山中云杉、冷杉高大粗壮，树冠浓绿繁密，可遮风避雨。林中栖息着麝、熊、豹、金猫、毛冠鹿、藏马鸡等多种珍禽异兽。南山的白桦林亭亭玉立，蝶舞花丛。

传说很久以前，南山有过两次山体爆发，一次在白天，一次在黑夜，震天的轰鸣摇醒了梦中的草原，随即人们见到这里已是一潭幽幽的圣水，很多树木都被埋葬其中。

春夏之际，森林郁郁葱葱，草地野花盛开，显得深邃而富有生机。这里的秋季，森林

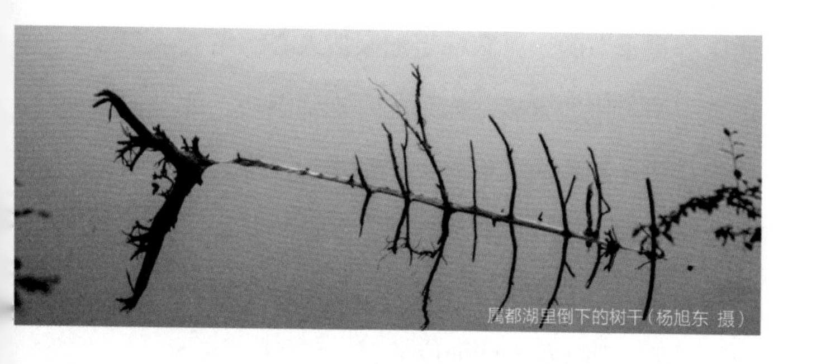

属都湖里倒下的树干（杨旭东 摄）

不用笔墨，不用颜料，而是用自己的绿与红、蓝与黄等等自然的原色，把山峦打扮得五彩斑斓，加上湖水的映衬，为我们呈现出一幅完美的瑰丽多彩的人间画卷。而它丰富的色彩，反而比春夏季节的一派葱绿更加撩拨人心。冬天白雪皑皑、银装素裹，如果此时来到湖边，被雪山和阳光静静地搂抱着，一颗漂泊浮躁的心可以感受到无比的纯静与安详。冬季的早晨，因为温差大，湖面上会升腾起一层虚幻缥缈的白雾，那更是恍如人间仙境了。

天色渐渐暗了下来，阳光躲进云层，给了属都湖幻彩的背景。再晚一点，天色朦胧如尘。远山与天空一起淡化为轻俏的水墨，海拔3700米的属都湖寒意渐起，薄雾开始升腾。月亮就那样静静悄悄地挂在空中，光华四射。

此刻，木屋和袅袅升起的炊烟，犬吠和饮马的响动，使湖景的静谧活色生香。这些人间烟火，恰到好处地稀释着湖畔的幽静。蜗居在湖边简单温暖的小木屋里，同主人聊聊家长里短，端起青稞酒，碰杯，入口……临睡前，沿着栈桥走到湖边，所有风景都变得模糊，属都湖似乎也陷入甜甜的梦乡。

属都湖是一个充满了诗意的地方。春夏季节百花盛开，湖畔四周一片片杜鹃花丛映红整个湖面，各种野花繁星似地贴着地面开放着。湖岸边，那绿色牧场炊烟袅袅，牛铃声声，充满妩媚与柔情，自然而含蓄。秋冬季节更令人心醉，那一片片白桦林满目金黄，于是，红的、金黄的、白的、翠绿的……五颜六色，交相辉映；白色的云朵映衬着淡淡晨雾，在碧蓝如洗的湖心中，构成一幅幅平静而富有诗意的画面。

属都湖生态系统集高原湖泊、沼泽化草甸、原始暗针叶林植被于一身，珍稀动植物资源十分丰富。湖中生活着第四季冰川时期遗留下来的古生物——属都裂腹鱼，这是一种珍稀鱼类，具有较高的科研价值和保护价值。它周身金黄，腹部有一条细细的裂纹，为香格里拉特有物种。湖上还栖息着大量的野鸭、黄鸭等飞禽。属都湖于2004年被列入“国际重要湿地”，景致以秋色、晨雾、倒影而著称。

行走在湖边的步行栈道上，看着水中枯倒的云杉和冷杉树干。这些生长在水边的云杉和冷杉，根系较浅，因湖水不断侵蚀着湖岸，掏空它们根系下的土壤，当脆弱的根系再也不能支撑自己庞大的身躯时，便悄然倒下，最后沉入湖中，成为另一道绝美的风景。

属都湖的出水口名叫当曲卡，也就是属都岗河流出属都湖怀抱的地方，意为“木棒打鱼的地方”。从这个名字可以想出，属都湖里的渔产曾经多么丰富。到了当曲卡，也就真正来到了属都湖。

我觉得属都湖最美的时候，是雾气迷茫的早晨和落霞辉映的黄昏。特别是在芳草萋萋、百花争艳的季节，空气里弥漫着花的芬芳，在玫瑰色的朝霞弥漫荡漾或是夕阳斜照的时候，湖面一尘不染，雾气氤氲，缥缈如烟，整个湖面只有它钟情的伴侣——群山、森林，挺拔英俊的倒影。

徘徊在属都湖畔，我不禁想起宋代大儒朱熹的著名诗句：“半亩方塘一鉴开，天光云影共

属都湖的牧场（杨旭东 摄）

徘徊。”在晴朗的天空下，这片澄澈的湖水是天底下最亮的镜子，在群山的怀抱下，平静地映出近处的山影和天空中的云朵。

我的心也立刻宁静下来，仿佛和这里的景色融为一体了。

属都湖边修有两段木质栈道，可以让我们深入属都湖景区。在栈道两边以杜鹃与桦树居多，山上是茂密的原始森林，湖边与对岸又是牧场为主。属都湖的美不是一个独立的单元。湖岸边起伏的山峦，密布的原始森林，绿油油的草甸和点缀其间的野花与湖水共同组成了这天堂般美丽的世界。栈道从湖边越过草甸进入森林，又从森林进入杜鹃花海、高原湿地，天与山相连，树与桥相衔，湖与云相叠，那种逸然之境，那样缥缈之域，让我心旷神怡！

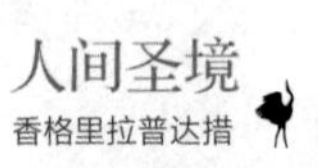
人间圣境
香格里拉普达措

“佛眼草甸”弥里塘

“佛眼草甸”弥里塘

依依不舍告别属都湖，在步行线路终点乘上大巴，沿着山谷而下，继续前行。翻过一个山梁，在原始森林中穿行十多分钟，眼前便出现一片开阔的谷地，绿草成茵，一望无际，四周是茂密的原始森林。这里就是景区第二站弥里塘。

弥里塘是一个高山牧场，它与属都湖景区相隔6公里左右。

当车行在原始森林中，你可能会对路两边树上挂着的一种形似“胡须”的东西很感兴趣，在其他地方很少看到这种植物，它究竟是什么呢？这里且按下不表，我在后面还会专门讲到。

当车子进入这片原始森林的时候，属都湖就在我们身后了；而当我们眼前豁然开朗的时候，弥里塘草原也就露出它美丽的容颜来。在弥里塘站点下车，有一个观景台，在这里可以一览弥里塘全貌。

春风轻拂，湛蓝高远的天空下，草场像平滑的绿色绸缎一样向四方铺展开来，牛羊像珍珠般散落在草场上。看它们，有的使劲地在啃食着青草，安然地享受着自然之神为它们撒播在这里的粮食；有的悠闲缓慢地移动着，还不时地哞叫几声，仿佛向我们诉说着它们对这片土地的眷恋；有的正在摆个很专业的POSE，配合游人合个影，把这美好的瞬间永远凝固在镜头中。

草地是国家公园不可缺少的景致之一，在普达措国家公园，目力所及，除了蓝莹莹的湖水，莽莽苍苍的森林，更多的就是成片成片的草地了。春回大地的时候，草地上的青草簇拥着小花，在一望无际的天空下，小花是可爱的天使，能够给众多的摄影爱好者，带来拍摄的福音。

眼前的高山草甸，雨后的草地格外的鲜美。如塞外风光，却比塞外多了参天古木，多了杂花相间、落英缤纷。草甸上有星星点点、三五成群的牛羊分布其中，一片天籁祥和的景致。在这里，你可以放飞所有的思绪，然后投奔到一望无际的绿色草原之中……真想放下一切文明的桎梏，在无边的绿色草原上肆意打滚，那一定惬意极了！在这童话世界中，感觉一切都很不真实，一路上高原湖泊、原始森林、草原、牦牛，每一处都值得让我停下脚步慢慢欣赏。蓝天白云

宁静的牧场（杨旭东 摄）

下的大草原，不禁使人陶醉在其中，有那样一刻，好想抛开一切烦恼，骑马、喂羊，做个无忧无虑的牧民。

这丰美的草场，也是牧人们的家园。在观景台前几百米，可以看到几座木头搭建的房子，那叫牧棚。在春、夏、秋三季，它们是牧人们遮风避雨和休息的处所；而到了冬季，牧人们就会带着牛羊迁往海拔低的地方，牧棚暂时闲置在那里，等到来年春天的阳光再次光临拥抱这里的时候，他们会再迁回来。每到吃饭时间，牧棚顶上就会升起乳白色的炊烟，好像是在无言地召唤牧人回家。蓝天、白云、草场、牛羊，还有黑色的牧棚……这一切构成了一幅美丽的图画；而我们的进入，也就像闯入了这幅画卷中。但是，即使它再美，我们也只是过客，必须离开；而那些牧人们，在这里，延续着朴实无华的生活。

沿着洛茸村山路向深处前行，天界洞开，两面苍松翠柏排闼而来，一条长约5公里的草甸让你的心灵豁然开朗。九曲十八弯的小溪涧千百年来哺育着这方山水，也哺育了远离喧嚣的村庄。牧群在这空旷的草甸撒欢，或慵懒地栖息，温暖的鼻息和唇齿在花香和绿草之间寻觅，阳光的妩媚显得煽情灵动，青山、牧房嵌进了天然的镜子里。乌鸦、山鹊成了画中的使者，它们的欢叫让一切鲜活起来。这就是弥里塘，让久违的情怀再次撞进你的心里，那欲言又止的心语，定格在默默前行的脚步里，那些密密丛生的高山杜鹃，次第生长，含苞绽放，高原春色的勃勃生机，就这样灿烂开来。

春夏季节，这里繁花似锦，5公里长的草甸像铺了七彩的氆氇地毯，成了洛茸、九龙两个村牧群放养的天堂。悠扬的牧歌，奶茶飘香的牧房，一切的恬淡与美好尽在不言中。

而到深秋，这里又是另一番景致。秋红千山，层林尽染，牛铃回应的远山之外，便是你想去用一生的时光追求的梦想之地。一棵小草的摇曳，一朵野花的芬芳，一只动物的欢跳，甚至于你去信马由缰纵情放歌，都是你想定格记忆的最美瞬间。

秋天会给这片草原铺上一层淡淡的金色，起伏的大地也会被金色的云杉、绿色的亮叶杜鹃灌丛与高山栎灌丛、红色的大果红

雨中的弥里塘亚高山牧场（杨旭东 摄）

杉林所覆盖。这时来到这里，色彩会更加丰富，一切浑然天成。

而在冬天，这里会枯黄一片或大雪铺地，这时来到这里，你也许会感觉到萧瑟与苍凉，但这只是暂时的。在地下，正孕育着新的生命，草籽和其他植物正在慢慢地发芽，为来年更加茁壮地成长积蓄着能量。想到这些，你不应该再有凄婉的感觉，而是应该感慨生命的顽强与绵长。

我觉得，弥里塘最美的时候是在黄昏，夕阳斜洒在草场上，橘红色的晚霞把远处的山，近处的草场、牛羊、牧棚，全都包裹其中，把这一切都染上了一层橘红色，显得格外迷离与朦胧，而我喜欢的，也正是这种朦胧的美。如果感兴趣，你完全有足够的时间在那里流连。而且在属都湖与碧塔海这些地方，野生动物众多，高山菌类随处可见，说不定晚上的餐桌上还会多出一盘松茸或其他野菌呢！

弥里塘意为“佛眼状草甸”，因其形状像一只细长的佛眼而得名，是海拔4100米的亚高山草甸。有佛学知识的人都知道，佛祖释迦牟尼又被尊称为世间眼，以示开启人类的视觉，为世人扫清知障或无明。因此，在修佛塔时，都会在佛塔的顶部画一双细长的佛眼。弥里塘一直以来被藏民视为释迦牟尼遗留在世间的一只佛眼。据说，牧场上生长的植物富含蛋白质和脂肪，牛羊吃了膘肥体壮，产奶量大并且含酥油和奶酪比例高，因此弥里塘牧场一直是香格里拉的重要牧场。

弥里塘牧场坐落在公路边的坡地上，周围群山环绕，山上被密密的森林所覆盖。草甸牧草丰美，野花点缀，牛羊点点，炊烟袅袅。草甸的半坡上有几座木屋，小屋外有斑驳的白桦围栏和高高的青稞架。有一条小溪从草甸的中央流过，犹如一条哈达飘落在青青的草甸上。你的眼前就是杜鹃花，高大的植株挡住你的眼睛，透过杜鹃花可以看到远处牧场上有牛羊在悠闲地吃草，那满地跑来跑去的是牧羊人心爱的牧羊犬。

山后的白云飘过来，遮挡了弥里塘牧场的蓝天；草场的颜色随着云的飘动不断变换着，绿色、黄色、黛色……那已经是一幅绝美的画卷了。站在弥里塘的观景台上欣赏眼前的一切，仿佛自己也融入其中，心中无比惬意。

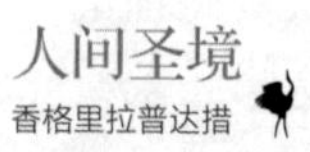
人间圣境
香格里拉普达措

“长胡子”的森林

“长胡子”的森林

当我们离开属都湖，前往弥里塘的途中，道路两侧古树上的“胡子”引起了我们的兴趣。

穿过属都湖的木栈道继续前行，前方的风光就由草甸变成了原始森林，栈道两侧长满了高大古树，古树上挂满了嫩黄的树“胡子”，长长地垂下来，最长的有数丈长。这片森林被称作“长胡子的森林”。

走在被浓雾包裹的栈道上，整个普达措都像披上了一层若有若无的纱巾。许多枝繁叶茂的云杉、白桦、高山松在栈道边扎了根，犹如许多高大的士兵在守卫着这一片净土，一层层的葱茏的枝叶如同一把把巨大的遮阳伞，遮天蔽日，枝叶间投下细碎、斑驳的阳光，寂静又神秘。

公路在原始森林中穿梭，沿途是高大的杉树和松树，古老的杜鹃树花朵满挂，姹紫嫣红，一丛丛、一片片布满山涧和沟谷。灰雁和黑颈鹤从林中飞过，鸣叫声划破山谷的寂静。

公路两侧葱茏茂密的是亚高山原始暗针叶林，主要是长苞冷杉和油麦吊云杉，它们都是国家保护的珍稀濒危植物，由于生长在高海拔地区，受气候的影响，这些杉树的成长速度非常慢，木质也很坚硬，随便一棵都是几百年乃至上千年的老树了。

弥里塘的云杉冷杉树上，悬挂有一些淡黄色的丝状物，它们长短不一，最长的有1米以上，就像老人的胡须一样，因此当地的人们把它称为“树胡子”。难道真的是这些树太老了，长出胡子来了？当然不是。它的学名叫长松萝，又叫“女萝”“山挂面”等。长松萝是一种地衣类植物，喜附生于云杉、冷杉的树枝上，向下悬垂，形成独特的景观。长松萝可入药，能清热解毒、止咳化痰。这种植物很爱干净，对它生长的环境特别挑剔，对环境是否受到污染非常敏感，稍有污染就不能存活。环境、空气越好，树胡子就长得越长，因此当地的人们又把它称为天然的空气检测剂。长松萝与原始森林的完美结合是香格里拉一道独特的自然景观。“树胡子”一般长在人迹罕至的森林里，它还是滇金丝猴最爱的美食。

森林里住着很多小松鼠，它们经常跑到栈道上、路上来溜达，并不怕人，反而喜欢跟游人玩。

随处可见的松萝（杨旭东 摄）

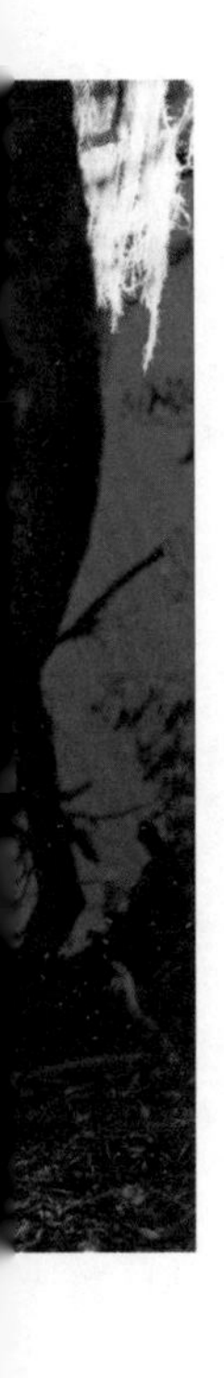

森林深处还有属都湖最奇妙的天然根雕林。这里的一些树长期浸泡在属都湖里，经年累月，就松软了，腐朽了，倒下了。这些朽木倒下来后，根部全部露了出来，有的盘根错节，有的张牙舞爪，形态各异，非常漂亮，竟比费尽心思雕出来的根雕还要好看。

这里人迹罕至，加之藏族同胞对神祇的敬畏，使普达措的生态环境没有遭到人类文明的破坏和污染。人们来到香格里拉普达措国家公园，才能看到大自然本来的面貌，才能重新回到大自然的怀抱。与其说是来观光游览，还不如说是一次穿越时光隧道的旅行。也只有置身于这幽静、深邃的原始森林当中，你才能感悟到香格里拉的神韵与佛的灵性。

普达措，是植物的天堂。

这里的森林是亚高山原始暗针叶林，大片大片的油麦吊云杉和长苞冷杉高大挺拔，是中国特有的树种。20世纪80年代，长苞冷杉就被《中国植物红皮书》列为国家三级保护珍稀濒危植物。1999年，油麦吊云杉又被列为国家二级保护珍稀濒危植物。云杉、冷杉、红杉、红桦、白桦、高山松、高山栎……普达措的碧塔海就被这墨绿色的林海层层护绕。

沿湖周围，苍松林立，古栎成毡，在这片辽阔高远的土地上，丰富的植物物种令人眼花缭乱。杜鹃的绚烂，苔藓的神秘，云杉的冷峻和水生蒿草的秀美……众多高寒植物是如此和谐相生，它们错落有致构成变幻万千的景致。走进普达措，就是走进一本别样的植物科普巨著，每一种相遇都带给你深深的惊叹，每一次相遇都是生命与生命的撞击。

走走停停之间，沉浸在沿途景色里已经忘记了时间。当穿越红松、云杉、冷杉和针叶林交织的原始森林，来到碧塔海尾时，远远的空

松萝（杨旭东 摄）

旷的草甸高坡上见到了传说中的“连理树”。如果说“树胡子”让人惊叹的话，那么“连理树”则令人感动了。因为，它们让我们想到了世间最美好的感情——爱情。

过去，我只是在书中和图片中看到，两株如桶状粗的栎树同根相连，相偎相依，伸长的枝叶像两把伞，全然不觉外人惊奇的目光，在日月的交织和风雨的历练中，表白着前世今生不泯的誓言。我忽然想起了梁祝，想到了山盟海誓，精神之树给了人们一种暗喻，问世间情为何物，直叫人生死相许！正午的阳光照耀着这对千年的“情人”，蓝天作证，青山为伴，坚贞的爱情至死不渝。

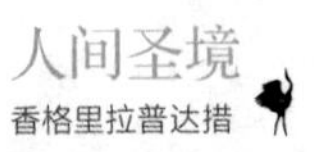
人间圣境
香格里拉普达措

洛茸与尼汝：“与世隔绝的地方”

洛茸与尼汝：“与世隔绝的地方”

在普达措，还保存有一些传统的藏族村落，村落里都是充满民俗风情的生活景观：藏民们的马儿在草地上啃食着青草，刻有藏文的木器、唐卡以及牦牛的骨头在阳光下晒着，经幡在飘动，转经筒在滚动，民族特色鲜明的藏族文化活动也在这里静静地进行着……洛茸村与尼汝村就是两个典型。

洛茸藏语意为“森林长得非常繁茂的地方”，也就是“与世隔绝的地方”。村如其名。村庄四周被密密麻麻的云南松和冷杉捂得严严实实，与外面的尘世俨然是两个截然不同的世界，成为名副其实的“世外桃源”。春夏季节，空旷碧绿的田野间，野花绽放，群鸟翻飞，牛铃悠扬，一派恬适与宁静的牧区风光，在袅娜的炊烟里，诉说着前世今生的轮回。这里有雪山峡谷，有湖泊湿地，还有浓郁的农牧文化和民俗风情。洛茸村宁静而美丽，徒步而行，可以看到很多苔藓和菌类，随处可见牛群、小香猪闲逛觅食，那份悠闲，仿佛与世无争的隐者一样。

洛茸村是一个小小的村落，全村只有36户，全部是藏族。洛茸村村民世世代代、祖祖辈辈居住在这里，至今还沿袭着半农半牧的生计模式，主要种植青稞、洋芋、蔓菁等作物，畜养黄牛、牦牛、犏牛、猪、马、鸡等家畜家禽，过着自给自足的生活。

尼汝村地处三江并流世界自然遗产地腹心地带，共有124户，也是典型的藏族村寨。从2300米的河谷到4628米的雪山，海拔落差高2300多米，汇集了原始森林、峡谷群落、高原湖泊、高山牧场、藏族风情等风格各异、特色鲜明的各类自然人文景观，是纵览高原美景和体验藏族传统村落文化的理想所在，被誉为生态文化的“自然博物园”。多年前，联合国教科文组织官员、申遗专家吉姆·桑塞尔，来到这里考察“三江并流”世界自然遗产地申报工作时，曾盛赞尼汝村秘境是“世界生态第一村”，因为这里的自然生态和人文生态是如此完整和谐。

在洛茸村和尼汝村，时光仿佛静止了，日子仿佛凝固了。现代文明给这里的村民带来了很多便利，但没有破坏这里的传统。两个村子都是藏族村落文化的典型代表，很多传统风俗、传统工艺保存完好。特别是尼汝村，作为云南省藏族传统文化省级保护区，具有丰富多彩的民族歌舞、民族音乐、民族风俗、传统手工艺、高原农牧文化等文化形态，是了解和窥视藏族传统村落文化的重要窗口和生活舞台。

香格里拉普达措内外遍布神山，扎拉胜嘎神山即是尼汝三村旁一座著名的神山，位列尼汝九大神山之首。传说扎拉胜嘎神山是格萨尔王的三弟，是保护格萨尔王战马的护法神僧姜·泰敕微尕的助手。格萨尔王在当地与赞魔展开了一场惊心动魄的战斗，扎拉胜嘎神山全力护持其战马，被誉为强力无比的战神。另一传说讲道，“胜嘎”藏语意为木变铁的神匠。众神山在拉萨聚会时，以高矮排座次，他从空中取木棍，在火塘边打制成无数银光闪闪的宝刀，当作礼物献给众神山而受到尊重，因此座次排在贡嘎神山之前。尼汝还有嘎亚神山、羌牢神山、雅牢神山、克东孜主神山、丹桑农布仁钦等大大小小的神山群，每座神山都负载着各自独特神奇的传说，流传至今，当地藏民祭祀膜拜延续不绝。

除了“普度众生于苦海的神湖”碧塔海、“众神饮水的地方”属都湖两个主要圣湖外，尼汝村旁还有旺学措、纳波措改达、经廓咱神泉等圣湖。旺学措，意为“金黄色的奶子湖”，寓意水草丰美，清水不绝。传说藏传佛教噶玛巴大宝法王云游至此，见风景优美，便驻锡布道，种下观音柳，赐予众生福地洞天。圣湖北岸有一个名为旺学乃的神秘岩洞，是当地村民朝湖祈祷、煨桑祭祀之地。

藏族民宅一般为土木结构两层楼房，楼房三面土墙、正面为板壁和门窗，屋顶覆盖木板。洛茸和尼汝的村落民居，在体现典型藏式风格的同时，又有自己的特点，充分显示了它在藏式建筑中的独特性。

洛茸村村落历史文化特征、传统外观风貌保持完整，建筑为传统藏式特色房屋。与一般藏式民居不同，洛茸民居建筑基本都是细部及构件装饰精美的传统民居，体形雄阔，为密肋梁柱排架结构，外观稳重敦实，外墙有窗洞，其上端挑出小檐，其余三面形成上小下大的梯形黑色窗套，突出显示了它自身在局部和细节上的村落建筑特征。

尼汝村民居建筑则充分展现出它半农半牧的特点，牧民一般有三处房子，村里有住房、庄稼地有庄房、牧场有木楞房，一年四季随时令变化在三个地方转场居住，多半时间还是住在村里的房子。民居风格别致，主房为三层，正面无墙，其余三面为土墙或石墙，为传统的土木结构碉式板屋建筑，以粗大木柱纵横排列三楹或四楹，两层梁柱榫卯架构，三面筑土或砌石为墙，前楹留作走廊，前有护栏。三层主房中，一层作畜厩和储放柴薪之用；二层为人的主活动空间，会客、卧室、饮食均在此，设有火塘、仓库、卧室等；三层堆放饲料、杂物。子贤枋、照面枋镂雕万不断、串枝莲图案。外墙每边顶五根方形柱，每根柱顶一根梁，称为墙外柱，配合平顶木马架支撑、抬高屋顶。屋顶平顶可用于储藏饲草饲料，晾晒青稞、小麦、玉米。梁上架设擦椽，上盖杉木片。檐口及二层门窗上端双层斗拱作檐。多以下层作畜厩，楼上作伙房，火塘、神龛、厨房、卧室、客厅都分设于楼上。尼汝的储粮仓库一般不设在室内而另选二楼走廊的右侧向阳处，另建一井干式小木楞房，藏语称“崩旺”。此外，在河边、小溪旁，还有水磨房，用于磨制糌粑面粉等。

洛茸和尼汝藏式民居的斗拱飞檐构件、窗格装饰风格与汉族民居具有相似特征，具有明显的汉藏建筑文化交融的影子。

在洛茸村、尼汝村，我们看到了山丰水秀、天人合乐的和谐家园，更深切感受到各族人民与自然的融合共生。在这个千百年来各民族用传统文化理念营造出的人间圣境里，我看见他们脸上快乐的笑，我知道这种笑是从他们心里盛开出来的。

人间圣境

香格里拉普达措

碧塔海："美到让鱼醉倒"

碧塔海：“美到让鱼醉倒”

从弥里塘出来，乘车前往碧塔海。这段路乘车20分钟左右，是在原始森林之中盘旋而行。碧塔海在属都湖东南约10公里处。

碧塔海，海拔3538米，湖面呈海螺形状。碧塔为藏语，意为“栎树成毡的地方”，碧塔海就是“幽静的湖”。碧塔海由雪山溪流汇聚而成，湖水经洛吉河、冲江河流入金沙江，被称为神女镜。湖周围分布着大量的栎树和原始森林，树影倒映湖中，清丽醉人。而生存于湖中的碧塔重唇鱼（也叫中甸叶须鱼），是第四纪冰川时期保存下来的原始重唇鱼类，是香格里拉的特有鱼种。此外，碧塔海还蕴含了丰富的自然和文化内涵，它不仅是藏民心中的神湖，还是藏族“吉祥八宝”的自然显现地。

雪域牧场（视觉中国供图）

根据《格萨尔王传·姜岭大战》所记载，碧塔海就是相传中的“毒湖”，当时姜国和岭国大战至碧塔海，因冰天雪地，湖光朦胧，岭国的骑士们追敌误入湖中而被淹没，转败为胜的姜国认为这是碧塔山神护佑的结果，便在小山上建造了庙宇。不少学者也认为风光秀丽的碧塔海一带就是传说中姜岭大战的战场。清光绪年间的《中甸厅志》记载的则是另一番传奇：“碧塔海在甸地东北，距城一百余里，宽长有百里之遥。海内多有珠宝，内生珊瑚树数株，百有余年。俗人时乘舟往取之，龙王多为护持，未得其宝。上有高山一座，树木巍峨，望气葱茏，前有吐蕃木王到山访宝，建庙于上，亦未得其宝，后庙宇毁坏，至今惟存基址。”不管历史景象到底如何，这些风物传说历史记载的存在，说明历史上普达措就一直是当地各族人民心中具有特殊历史意蕴的圣地神景。令人遗憾的是，这些历史建筑后来都毁于1674年藏传佛教格鲁巴与噶玛巴之间的战争。但宛如巨大的绿宝石镶嵌于森林草海的高原湖泊胜景，却一直得以保存至今，纤尘不染，澄净如初。

前面讲过，碧塔海湖中央有一个形似曼陀罗的小岛，岛上长满云杉、冷杉和杜鹃。传说小岛是藏族英雄格萨尔王铲除魔鬼的地方，他借助湖神的力量为民消灾；明代木氏土司曾经在此建过避暑别墅。此岛是藏民族心中的圣境，在山顶部有一个观景台，这里可以看到碧塔海的全貌、天宝雪山和碧塔海金子沟峡谷。

另外，这里也是欣赏碧塔海秋景的最好位置。其实，在香格里拉是全年无夏的，它真正的气候更像是春秋相连。碧塔海周边植被丰富，每年六月份左右，草甸转绿、杜鹃争春、百花齐放；七月份，到处都是赏心悦目的无边的绿。但是，无论春天还是冬天，这里的颜色略显单调，以绿与白为主。而到了秋天，这里的树木，在经历了整个春季的茂盛之后，好像意犹未尽，它们抢在冬天的萧瑟还未到来之前，忽然脱去了春的葱茏，展现出各自最为华丽的装扮，它们用红、黄、蓝、绿……还有其他描绘不出的颜色的衣衫，铺满了这片土地，用这种热烈的方式，作为对春季最彻底的告别。演绎这场盛装秀最精彩的地点在金子沟峡谷，而观看和拍摄这场盛装秀的最佳位置，就在这个观景台。观景台另一边的天宝雪山在此时也是洁白晶莹，它用圣洁的白色把碧塔海的湖水衬托得更加碧绿，就好像山神捧出了一块巨大的翡翠让我们欣赏。

碧塔海的植被比属都湖更加茂盛，不同的是属都湖周边的树木以桦树为主，而碧塔海周边的树木以栎树为多。湖畔四周，古老的树木默默站满了山头，那高大的白松、栎树遮天蔽日。

碧塔——“栎树成毡的地方”，藏族人总是慷慨地把最美的词给最美的地方。

还有一点，碧塔海与属都湖不同，它更像一位隐居在深谷中的美人，让人觉得在它的血脉中有一种神秘的色彩。它不仅拥有

碧塔海（杨旭东 摄）

形似曼陀罗的小岛，在它的身上还发生了“杜鹃醉鱼”和“老熊捞鱼”的故事。每年六月，碧塔海湖边杜鹃盛开，杜鹃花瓣会坠落到湖中。而花瓣是有微毒的，湖中的鱼儿禁不住这美食与美色的诱惑，它们大口地吞咽着杜鹃花，饱餐之后，不知不觉也就中毒了，渐渐地丧失意识，身体就自由漂浮在湖面上，好在它们并没有死去，只是被麻醉了。但到了夜晚，如果还没有醒过来，山上的老熊会趁着月色，轻易地捕捉到它们作为自己的美味了。

碧塔海又拥有怎样的“藏传八宝”呢？

一宝：碧塔海西岸边有一泉水（碧塔源头），泉水从地下涌出，好像妙莲盛开，被藏民称为“藏八宝之妙莲”。相传建塘很久以前出现干旱，百姓无法生活，后被来此讲经说法的莲花生发现是妖魔作怪堵住水源。于是大师诵经念咒指向水源，马上在大师所指的地方冒出一股清泉，从此建塘牧草丰盛，人畜安康。

二宝：从西岸往东看，碧塔海形似观音的宝瓶，这是八宝中宝瓶的自然显现。

三宝：在北岸看到南岸的白色山岩与湖边的山峰，就是八宝里的白螺。

四宝：湖心岛形似藏传佛教中“法轮”的自然显现。

五宝：北面山坡上的两棵伞状栎树被称为“宝伞”。

六宝：碧塔海的落水洞处有一扇形石壁，很像八宝之一的“胜利幢”。

七宝：湖里的碧塔重唇鱼被当地藏民视为“神鱼”。

八宝：湖边的溪流组成了往复连接的“万不断”，也是八宝中的“吉祥结”。

在藏民家里，在松赞林寺的壁画中，你可能早就看过这“藏传八宝”。听了导游的解说，再对照那些自然地呈现，巧合也好真实也罢，你不得不佩服大自然的鬼斧神工。

在碧塔海边也修了环湖栈道。游碧塔海有两种方式：一种是坐船游，另一种就是沿环湖栈道步行。如果体力和时间都允许，还是全程沿栈道步行吧。前面说过了，碧塔海就像隐居在深谷中的美人，正可谓“绝代有佳人，幽居在空谷”。如果你不进入，是不能真正看到这位美人的全貌的。

碧塔海水域面积约159公顷。碧塔海的步行栈道长4.4公里，行走时间约2个小时。碧塔海的湖水是翠绿色的，周围的森林生态系统是它的母亲。低处的云杉，高处的冷杉，每年只长一筷子长，树龄都在300~500年以上了。

在晴朗的日子里观赏春天的碧塔海，别有一番情致。湖畔四周，苍松古栎，蓊蓊郁郁，遮天蔽日；碧塔海被黛色的群山环抱，像一颗镶嵌在群山中的蓝宝石。

属都湖的水已经让我惊叹了，没想到碧塔海的水更加清澈明亮。远远望去，湖光山色融为一体，真可谓“半湖青山半湖水”。

有首歌里唱道：朋友，如果来到了迪庆高原，别忘了来到碧塔海边，这儿翻腾着碧蓝的水波，这儿盛开着火红的杜鹃，这儿的草甸似绒毯，这儿的杜鹃能醉鱼……的确，不碧塔海，枉来普达措，碧塔海的美远超我们的想象。

在碧塔海周围的广袤原始森林里，生活着几十种国家重点保护动物，如豹、林麝、黑颈鹤、绿尾虹雉、黑熊、小熊猫等。特别是隐纹花鼠（小松鼠的一种），很多，经常跳出来，在栈道上和我们打招呼！

由栎树、红松、云冷杉交织成的群山遮住了碧塔海的全貌。俯瞰碧塔海，晶莹剔透、碧玉斑斓的碧塔海，像一面镜子，映照着世间所有的一切。湖中小岛的轮廓嵌入心海，波光浩渺的碧塔海，已经变成了一泓玉液琼浆。忽然间，悠扬绵长的山风，一阵阵穿行在莽莽的原始丛林，惊涛骇浪与松涛交相辉映，那跌宕起伏的声音，像出没于崇山峻岭间千鸟百兽的合鸣，又似仙界中缥缈的天籁，构成了大自然中最纯最真最美的交响。

群山环抱的碧塔海，犹如一块碧玉静静地飘落在林木葱茏、雪峰连绵的梅里雪山脚

松鼠（视觉中国供图）

碧塔海的枯树桩（杨旭东 摄）

下；阳光沐浴下的山林，泛着耀眼的青翠；碧塔海湖水平静，水面泛着细碎的涟漪，碧蓝的湖水里倒映着雪山树影。

碧塔海是一个幽静的世界，这里没有嘈杂的市井声，没有半点的尘嚣，有的只是自然的、原始的、古朴的、纯美的气息，碧塔海这种静谧气氛于我恍如一种美丽的梦境，令人如痴如醉。有人把她称为"美到让鱼醉倒的湖"，真是形象极了！

碧塔海像一颗镶在群山间的蓝宝石，又如一位藏于青山翠柏之间的仙子。微雨中的碧塔海似蒙了一层薄薄的轻纱，让人看不真切，更让人浮想联翩。清澈的湖水被群山环抱，呈现出幽幽的蔚蓝色，美丽而神秘。撑着伞，独自漫步在碧塔海边的栈道上。听耳畔沙沙的雨声、风声，看着烟岚迷蒙的湖水，一时竟呆了。我想在那幽静的某个地方，应该有个出口，直通另一个神秘的世界。是它的圣洁、它的宁静让它有了某种神奇，让众生得以穿越人世的喧杂到达生命的彼岸。这当然是藏族人民的美好愿望与心声，但我愿意它是真的，它的圣洁让我的心灵得到了洗礼。

飘飘长长的长松萝挂满了密林中的枝丫，看着被风吹动的“银须白发”，像是仙翁下界欢聚一起，不约而同地举行着一场别开生面的仙乐飘飘的舞会，人世间的风尘俗事顿时烟消云散。情不自禁地顺着竹林和原始森林交织的林海，前呼后应地向“音乐湖”走去。只见阳光照射的湖水波光潋滟，仿佛听到了动人心弦的大自然乐章。

站在碧塔海北岸，微凉的山风一阵阵刮过来，湖水冲击着坚硬的山岩。成群的野鸭和黑颈鹤，不时在宽阔的水域间上下翻飞，尔后又落到草甸上，翩翩起舞。让人痴迷，让人流连忘返。

顺着山路继续向南，来到一处叫菊康的草甸上。这里的水域面积较大，因为风力较强，日光充裕，冬季极少结冰，清澈的溪涧顺着草甸上蜿蜒的沟渠，淙淙而下，注入碧塔海，像这样的支流不知有多少条。这个草甸还有一个传说，就是画眉鸟飞落此地就不想离去，它们与此和睦共处，享尽自然中的山色丽水，繁衍生息。这里极少有人涉足，因而草木丰茂，四季风景独好。

一阵阵浪波接踵起伏，叠加荡漾，交织翻涌，就像人生中不经意的际遇，惊鸿一瞥，让各自记住了应该好好把握和珍惜的东西。

站在碧塔海南岸的护堤上，回首遥望小岛，恰似蓬莱仙境。听过了“杜鹃醉鱼”“老熊捞鱼”的故事，恍然觉得那第四纪冰川期遗留下来的活化石——碧塔重唇鱼，成了雪域高原的神灵，我祈愿那万籁中的飘飘乐音，是它们的仙奏。

当时光静若止水，珍稀物种在这里繁茂生长，松茸在此遍地而生，沿湖四周的报春花等八大名花竞相开放，与山林中的杜鹃竞相媲美，相映成趣。

真正的梦幻之旅，刚刚从这里起步。

回望碧塔海，一群黑颈鹤在自由闲栖的牧群间翩翩翔舞，粼粼的波光让人心生爱恋。当穿越莽莽的原始林地，经过岗擦坝，听着鹤鸣声声，斜斜的余晖映红了人来鸟不惊的梦境。怀揣一路的风光山水，遥想着一路的牛铃、马嘶、鸟鸣，似乎在不经意间，铭刻在我们记忆深处。在这里，我们唤回了人类亘古的记忆，并伴随着这里的苍翠和俊美，追溯岁月的轮回，找回那份久违的情怀。

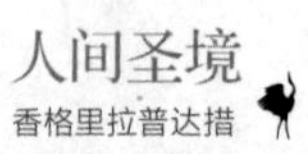
人间圣境
香格里拉普达措

“高原舞者”黑颈鹤

高原舞者
黑颈鹤

普达措内有许多珍禽异兽，这里有国家级重点保护珍稀濒危动物30种，其中国家一级保护动物豹、猞猁、云豹、金猫、林麝、马麝、黑麂、黑颈鹤、绿尾虹雉、斑尾榛鸡等；国家二级保护动物猕猴、马鹿、毛冠鹿、藏马鸡等等；其他还有血雉、黑熊、藏鼠兔、鼯鼠、高原兔、红腹松鼠、竹鼠、绿头潜鸭、麻鸭、鹦鹉和多种画眉鸟。可以说，普达措国家公园是一个珍稀动物的大观园。

其中最重要、最珍贵的就是黑颈鹤。

黑颈鹤修长的脖颈上有三分之一的羽毛是黑色的，这是它的标志，也是它名字的由来。藏族同胞把黑颈鹤视作“高原仙子”“吉祥神鸟”，在藏族长篇史诗《格萨尔王传》中，它是格萨尔王神马的守护者；它时常出现在唐卡上所绘的长寿图中，足以见得它在藏民心中的地位。

黑颈鹤终年生活在高原地区，在漫长的自然演化中完美地适应了那里复杂的生存环境，是全世界独舞高原的鹤类。

四五月份是高原上最美好的季节，单身的黑颈鹤要寻找伴侣，它们要开始孕育下一代了。

黑颈鹤生性警觉，除了高原常住民，外人很难靠近，人们只能远远地观望。它们展翅跳跃、盘旋舞蹈，唯独能清晰捕捉到的是它那不凡的鸣叫声。正所谓“鹤鸣于九皋，声闻于野”。鹤类都有着长长的脖子，鸣叫时会仰起头颅，发出小号一样的声音，传播很远。求偶时，雌雄配对会共同发出相互协调的、持续时间较长的二重鸣叫，雌雄齐鸣似乎宣告着：我们的缘分到了！

细心的人们观察到，和大多数鸟类不同，黑颈鹤在舞蹈、求偶的过程中，雌性反而更主动。不过这一说法并不是一个确切的结论。有人认为，用“势均力敌”来形容黑颈鹤的爱情可能更合适。而且，鹤类的婚姻遵循“一夫一妻制”，这样的“社会制度”也决定了，它们的行为表达更为“平等”。

在当地的文化里，黑颈鹤最受人钦佩的就是它们对爱情的忠贞。民间故事里的黑颈鹤，一旦伴侣去世，另一半也绝不独活。也许只是一个美丽的传说，但却寄托着人们对爱情美好的期望。

黑颈鹤是高原湿地重要的旗舰物种，保

护湿地生态是维持黑颈鹤生境的根本。普达措当地的原住民中流传着一句谚语：“来不过九月九，去不过三月三。”每逢重阳节与第二年的清明节之间，黑颈鹤、灰鹤等大群的候鸟飞来普达措国家公园过冬，此时来到普达措，随处可见它们在草甸上悠然觅食。

纳帕海是香格里拉最大的草原，也是最富于高原特色的风景区之一。

普达措天气温暖，气候湿润，有利于牧草生长。每年五月，纳帕海草原已是绿草萋萋；六月伊始，各种野花竞相开放，琼花瑶草争奇斗艳。一阵风过，茫茫草海上波浪起伏，成群的牛羊如在海中沉浮。正是“风吹草低见牛羊”。西面的石卡、时卡、辛雅拉三大雪山悄然挺立。雪山、草原、牛羊组成了

普达措（视觉中国供图）

大西南的“塞北风光”。

秋冬来临，草原一片金黄，远山静默，皑皑雪峰倒映于湖泊之中。每当秋风起，许多飞禽便光顾这里，黑颈鹤、黄鸭、斑头雁在草原上空高飞低旋，在草丛中、水面上嬉戏漫游，广阔空灵的草原另具一番诗情画意。

由于纳帕海水草丰茂，能提供黑颈鹤的食物黄蚬、小鱼、水草、植物根茎及蝌蚪等，且少有人迹毁坏环境，气候适宜于黑颈鹤，故而成了其理想的越冬地之一。全世界大约有1000只黑颈鹤，美国国际鹤类基金会饲养了世界上现有的15种鹤类中的14种，只缺黑颈鹤。1989年1月24日，美国国际鹤类基金会专家吉姆·哈雷斯带领考察团在纳帕海对黑颈鹤进行实地考察统计，当时的结果显示，在纳帕海越冬的黑颈鹤有76只。10年后，被世界自然保护联盟（IUCN）列为濒危物种的黑颈鹤，在纳帕海已增至150只。

纳帕海扬名于黑颈鹤，除了黑颈鹤之外，这里还有省级保护动物灰雁、斑头雁和灰鹤及大量水禽，堪称一个飞禽乐园。

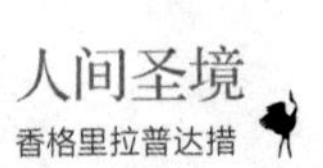
人间圣境
香格里拉普达措

“杜鹃醉鱼”和“老熊捞鱼”

“杜鹃醉鱼”和“老熊捞鱼”

提到碧塔海，人们马上就会联想到“杜鹃醉鱼”和“老熊捞鱼”，这是有关碧塔海的最有名的两个传说。

在碧塔海周围，生长着种类繁多的杜鹃花。杜鹃花又叫“山石榴”“映山红”，十分美丽，被称为“花中西施”。每年端午节前后，杜鹃盛开，满山都是红彤彤的，宛如红霞飘荡在碧塔海边，又似为碧塔海围上了美丽的花环。微风过处，杜鹃花瓣纷纷扬扬地飘落，很多花瓣落到湖里，漂浮在水面上，引来水中的碧塔重唇鱼竞相吞食。馋嘴的鱼儿哪里知道，杜鹃花瓣含有微量的神经毒素，吃多了就会中毒。吃饱了花瓣的鱼儿被暂时麻醉了，一条条也翻着肚皮漂浮在水面上，就像喝醉了酒一样。这就是著名的传说“杜鹃醉鱼”。醉鱼和杜鹃就这样被奇特景观联系到了一起。碧波荡漾的湖面上，漂满了红色的、粉红色的、白色的杜鹃花瓣，把碧塔海装扮得格外美丽；在那些花瓣中间，又漂浮着一条条醉酒一样的鱼儿，那憨态可掬的样子真是有趣极了。这样的场景，虽没有亲眼见到，但是光想想就充满了诗情画意。

“醉鱼”不常有，只是每年六至七月，香格里拉山花烂漫，碧塔海湖畔各色杜鹃竞相开放时，湖里的鱼才能争相抢食到飘落湖面的杜鹃花瓣，也才会出现“杜鹃醉鱼”的奇观。

“杜鹃醉鱼”的奇观引发了“老熊捞鱼”的奇观。听说很久很久以前，普达措一带经常有老熊出没。千万别以为熊粗笨，其实它们聪明着呢。入夜，森林中的老熊就出

开满鲜花的牧场（杨旭东 摄）

来了，它们趁着月色来到湖边，看到昏醉之鱼，就悠悠然将“醉鱼”打捞上来，不费吹灰之力就可以吃到鲜美的肥鱼。

1961年春，著名作家冯牧重访云南，他沿着“草原上一条柔软得像地毯的小路，走进梦幻中的世界”——碧塔海。五月，正值杜鹃花期，一路上看到的是盛开如炽的杜鹃花，有喷雪吐焰的气势，蔚为壮观。冯牧把“杜鹃醉鱼”的动人传说和“老熊赴百鱼宴”的惊险场面写进他的长篇散文《碧塔海——难忘的旅程》中，从此碧塔海“杜鹃醉鱼”的景观就扬名于世。特有的水，特有的花，特有的动物，凝构出这特有的湖光、景致。

洛桑品楚是当地的藏族牧民，碧塔海边

肥沃的湿地草甸就是他们的天然牧场。洛桑品楚曾有过一次神奇的亲身经历。洛桑小的时候，每天的主要任务就是帮助家里的大人放羊、看管牦牛。有一次，他发现自家的一只小羊羔躺在一片杜鹃花树丛下，口吐白沫不断翻滚。小洛桑吓坏了，赶紧跑回家向父母报告。可是父母听了，并不着急，他们和小洛桑一起找到了那只小羊羔，用一把小刀在小羊羔的耳朵上划了一道口子，放了一点血，没过多久，小羊羔就神奇般地“痊愈”了。后来，小洛桑才从父母那里得知，小羊羔是误食了杜鹃花，一时被麻痹了。

这个故事更加印证了杜鹃花有毒。研究发现，多数杜鹃花里面含有两种分别叫作马醉木素和马醉木毒素的成分。如果过量误食杜鹃花，会产生抑制呼吸、让人眩晕等作用。杜鹃是杜鹃花科杜鹃花属常绿或落叶灌木，它种类繁多，花色绚丽，花叶兼美，是中国传统十大名花之一。我国杜鹃花属的有毒植物在60种以上，多数为我国所特有，而且大多毒性剧烈，常引起人畜的中毒。

“醉鱼”传说中的鱼指的是碧塔重唇鱼，头长而粗壮，体稍侧扁，鱼身圆直，尾柄稍圆，体长约25厘米。腹有花纹，无鳞似泥鳅。分布于云南中甸盆地的内流水体及金沙江水系的小中甸河。重唇鱼生长在远离污染的碧塔海里，肉质细嫩，味道鲜美，是鱼类食品中的佼佼者。但是普达措属于藏民区，藏民奉行天葬与水葬，不吃鱼，所以，在很长时间内，那些重唇鱼就自由自在地在碧塔海里生活着，无人捕捞。

重唇鱼深藏在湖底，很少靠岸，被人们奉为“神鱼”，据说能看到此鱼的人是非常幸运的。

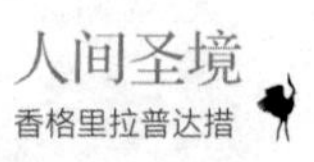
人间圣境
香格里拉普达措

普达措余韵

走出普达措，意犹未尽。

霞给藏族文化村仿佛看出了我们的心思，它在普达措国家公园大门外静静地等着我们。

午后的霞给，格外宁静，牛、羊、猪在暖和的阳光下，慵懒地挪动着身子。

走进村子，只见依山傍水，风景如画。民风民俗浓郁，藏家风情迷人。周围山上蓊蓊郁郁的天然原始森林，将村子与尘世隔离，宛如遗世独立的世外桃源。双桥河弯弯曲曲，像一条玉带从村中流过。霞给村有20多户藏族人家，独具特色的藏族民居保存完好。鼓楼、风雨桥、三塔、太阳历柱等上百个景点依村傍寨巧妙布局，错落有致，与自然山水融为一体。神秘是霞给村带给我们的第一印象。村里，随处可见佛塔、玛尼堆、经幡和护法天柱。风格各异的水动转经筒、铜制转经筒和羊皮制转经筒给村子增添了几分神圣。

打柴舞、霸王鞭、孔雀舞、目脑纵歌、锅庄舞等民族歌舞表演，叮咚、芒锣、象脚鼓、芦笙、冬不拉、木鼓、三弦等民族器乐演奏，泼水节、三月三、火把节等热闹纷呈的民间节日庆典，抛绣球、抬官人、拦门酒、丢包等古朴独特的民族风情演出，各具特色，让人赏心悦目，流连忘返。霞给村有许多手工作坊，随处可以见到藏族民间艺人用手工精雕细刻，制作原始古朴的手工艺品，使各种面临失传的藏族传统手工艺重新获得生命力，让远方的客人们充分感受藏民独具慧眼的艺术风格和别具匠心的智慧。

霞给村的噶丹·德吉林寺是当地藏民举行盛大法事活动以及朝拜的圣地之一。满脸虔诚的藏民，自发地进行祈祷活动，人们在神秘而多彩的宗教文化氛围中，对生活充满了美好的憧憬。噶丹·德吉林寺是藏区唯一的一座集中供奉释迦牟尼12岁等身像和藏传佛教八大教派始祖的佛像的寺庙。寺内藏经阁收藏并展示珍贵的经书《甘珠尔》108部、《丹珠尔》203部、《密宗集》《金刚经》以及八大教派创始人的文献等经书宝典，其数量之多、品种之全，在整个藏区都是罕见的。寺院设有印经院，请来了藏区老艺人，根据藏文经典保护的需要，抢刻最古老的手抄木刻印经版，积极地传承和发扬光大藏传佛教文化的精髓。

霞给村的藏民们通过生活展示着多姿多

高山牧场上的马匹（杨旭东 摄）

彩的藏族服饰文化、饮食文化、歌舞文化、节庆文化。在这里，色彩斑斓的服饰装点着平静日常生活，宁静的高原牧场、健壮膘肥的牛羊点缀着和诠释着人与自然的和谐。在这里，藏民日常的生产习俗和生活场景鲜明勾勒展现在游人面前。在藏家民居中，人们感受到藏族传统的酥油糌粑待客礼仪与婚娶丧葬的习俗。激情奔放的锅庄舞与弦子舞，使人们感染藏民丰收时节的喜悦与希望。那守护在景区旁的玛尼石堆，溪边永不停歇的转经筒，承载着藏族人民的信仰和寄托。此刻，浓郁的宗教氛围本身就是一道人文景观。

走进了霞给藏族文化村，宛若走进了古朴，走进了生活，走进了斑斓多彩的民俗风情画中。

等你，在花开的普达措

等你，
在花开的普达措

在普达措，我听过一首歌，歌名、歌词和旋律都很美，叫《等你在花开的普达措》。歌中这样唱道：

我等你

在普达措花开的季节

心上的人儿

何时给你的花儿带来心仪的聘礼

我爱你

在普达措最美的时刻

心上的人儿

何时给你的花儿穿上美丽的嫁衣

漫步在普达措，耳旁传来马儿叮咚的脖铃声，远处牧棚里升起乳白色的炊烟，成群结队的牛羊在草地上悠闲地吃草……时光仿佛停滞了，天地间安静而又悠闲，内心里涌出无限的满足。

普达措，你是高原一道靓丽的风景，你是人们一泓纯洁的心泉。

我在普达措的春天等你。

春天的普达措，万物竞发，生机盎然。一切都像刚刚醒来一样，绽放着春天的气息。太阳从云翳中透射出来，温润妩媚，散淡地打在属都湖畔的湖光山色之间，将春天的斑斓色彩珠盘碎玉般地迅速铺染开来，在朦胧的气象万千中显现出生命的精彩。它收容峰峦重重的倒影，也吸纳层层叠叠的光阴徜徉其中。云蒸霞蔚，似有一种在云中漫步的感觉；彩虹飞架，赤、橙、红、绿、青、蓝、紫七彩飞扬，分外妖娆。属都湖，群山环抱，滟滟波光，牵手春天的良辰美景向我走来，简直就是一幅水墨丹青写意山水的极品。

阳光初照的属都湖，轻轻撩起的晨曦，飘逸着春天的万种风情，与普达措的湖光山色一同翩翩起舞，荡漾起千顷浪漫、万顷碧波，在三江流域演绎出香格里拉春天的万般炫丽与神奇，让人世间所有的俗念悄然泯灭。碧塔海的春情春韵，引诱着我们久久不肯离去。沼泽湿地，将高山深处的湖泊藏匿，沉醉于春日的湖光山色，我们毫无顾忌地躺在敦厚柔软的高山牧场，在海拔3700米处，贪婪享受着香格里拉春天的明媚。这是香格里拉春天的味道。

春天的普达措，处处充满了勃勃的生机，万物都在努力地生长，充满了活力。即便是偶然间看到的落地花瓣，带给你的依然是“化作春泥更护花”的美好心情。

我在普达措的夏天等你。

夏天的普达措，山川湖泊烟笼雾罩，远山近树如诗如画。香格里拉的神韵在碧塔海畔轻漾，让人笃信，这就是我们梦寐以求的世外桃源——“香巴拉”。蜿蜒小径带我不经意地走进海拔4000米的高山牧场，高山草甸袒露着夏天的色彩斑斓，似一幅万千藏胞手工织出的藏毯，温柔地铺呈在浩瀚无垠的大地之上，精美大气，处处溢美，营造出万般神秘感觉，让我流连忘返。

夏天，来看杜鹃花开。高天流云，随风而去；雪山皑皑，碧空如洗。百川溪流从冰峰而下注入碧塔海中，自然天成的修饰，上天任

牧场野花（杨旭东 摄）

性的钦点，水波微澜，任人恣意浏览。山明水秀，人也清明，千年古树环抱，浓淡相宜的打扮，山水情缘千丝万缕的联系，将普达措的惊人之美投影在天池般的碧塔海中，在熙熙攘攘的尘世中划出一片绝无污染的净土。

高原的天空，裸露着宝石般的纯蓝；雪山上吹来的风，满带着各种植物的芬芳；马脖上的铃铛悦耳，空气中缭绕着若隐若现的酥油茶香。

在普达措，你可以领略最纯净的湖水，也可以欣赏最绚烂的瀑布。在距尼汝村6公里的尼汝河边，40多道宽窄不同的瀑布从高约20米的扇形碳酸钙台地一泻而下，与周围茂密的古树林、幽深的小河水相得益彰，飞溅的水珠在阳光映照下呈现出绚丽的彩虹。这就是藏在普达措秘境中的“七彩瀑布”。每逢夏秋季节，尼汝河水暴涨时，这里的景观不亚于虎跳峡的壮美，这里跳动着香格里拉深处最震撼又最和美的旋律……

在普达措，高山牧场的袅袅炊烟和悠扬的马儿脖铃，是最撩人心魄的韵律。无论是洛茸村还是干草坝，大片大片的草场犹如大山随意舒展的绿毯，星星点点的野花水彩泼墨般恣意开放。迷人的风景，醉人的芬芳，引诱着你徜徉再徜徉。山坡上牧人的毡房，有时飘过丝丝奶香，有时摇荡缕缕炊烟，蓝天很近，草场无际，风吹来的牧歌牵住了游人的脚步，这里的日子天长地久，祥和温暖。

我在普达措的秋天等你。

秋天的普达措，披上了金色的盛装。这里的秋天总是带着金黄的颜色来到，漫山遍野都是金黄的颜色，夹杂着火红的颜色，令人感受到蓬蓬勃勃的生命力。湖边生长的绿树变成金黄色，所有的植物都变了夏天青葱的面貌，变成使人温暖舒服的金黄色。秋天的阳光照耀这片金黄的林地，给原本金黄色的山野又镀上了一层金黄色。就像是从画家的调色板上提取出来的一样，处处都是让人觉得温暖明亮的金黄色。

秋天总是给人美好的幻想，普达措的秋季也是这样。普达措的超凡脱俗最适合奔波的双足来这里散步，普达措的幽深静谧更适合劳顿的心灵在这里安然休憩。这里的每一个地方，每一次转身，似乎都隐藏着佛性与神

牧场野花（杨旭东 摄）

性。连身边吹拂的风，脚下缭绕的雾，都仿佛充满禅的意境，让人禁不住沉吟和徘徊。

面对普达措的碧塔海和属都湖，城市的喧嚣远去了，滚滚红尘如在隔世。在这里，你尽可以将双足浸入沁凉的湖水，尽可以让日光和清风抚弄双颊。纯净的湖水为你过滤了岁月风尘与人世纷扰，宁静的湖水告诉你最简单的道理：活得纯粹、活得干净，活出真的自己。有如临湖静心的这一刻，明镜般的湖水照见了佛性。

湖边的栈道逶迤延伸，可带你到佛堂，或是到朝圣台朝拜。这是只有在藏地才能享有的灵魂洗礼。庄严的玛尼堆承载着祈祷与祝福，色彩斑斓的经幡在风中猎猎飘舞，这是生命与神的私语。

普达措，这是与神灵最亲近的地方。神女的妆镜化为了圣湖，风中的经幡低语着神的启示。一块草甸，也是佛祖注视的眼神。或许，当你凝视这草甸，心，会怦然而动。在佛祖温柔祥和的注视下，你的困顿、奔波、烦恼安静了，你的眼睛、你的生命湿润了——那是包容的眼神，那是安抚的眼神，那是——爱的眼神。

我在普达措的冬天等你。

冬天的普达措，有着别样的美，依然魅力无穷。金黄色的草甸、白雪覆盖的冰面、裸露在水中的杉树根，都让人流连忘返。初冬，梦境般的属都湖，美得有点不真实。没有春的青翠，没有夏的斑斓，也不见秋的金黄，却有初冬时特有的深邃和清傲。是那种沉淀后的淬炼，反而更加耐看。我爱极了山林中那些烟云般的薰紫色，梦幻而缥缈，这是属于普达措的冬的色彩。踏着厚厚的积雪，听着嘎吱嘎吱的脚步声，走得是那么的欢快。

冬天来普达措，来等一场旷古白雪。清晨，相拥观雾；黄昏，共拥火塘——普达措，每一个瞬间，都是经典；每一个细节，都深藏浪漫。

普达措，是一幅天然的油画。这里春夏秋冬随季节变换的色彩扑朔迷离，令人陶醉。春天百花盛开，夏天草木葳蕤，秋天层林尽染，冬天雪映蓝湖。

在普达措，永远不会错过。每一个季节，或是每一处景致，都可以给你深刻的灵魂抚慰。纵然错过了杜鹃花漫山遍野的六月，你仍

牧场野花（杨旭东 摄）

然可以感受到群山容纳天地精气的野生力量。即便与十一月的第一场雪失之交臂，无论何时，你仍能领受雪山上山风的冰爽。放松呼吸山中富氧的空气，欣赏工业化城市无法领略的天然至美，感受山区的朴实率真，每一次，普达措给你的都是滋养。

我徜徉在普达措，沉醉不知归路。无处不在的俊秀与妩媚，总像蓝天白云般地默契相依。一颗心总被凌空翱翔的苍鹰牵引着，在梦想之外，在猎猎的经幡和巍峨绵延的雪山面前。

普达措的风光无限美好。我愿意一直躺在普达措的高山草甸上沉溺，醒来重返尚未远去的高山牧场。再次聆听“卓玛姑娘”远去的天籁之音，迷醉在如诗如画的秘境中回忆。

回想自己在普达措的日子，忆起那些曾经的最美，忆起那空灵的童话般的山水，我曾感动得流下眼泪。玛尼堆上的经幡在动，碧塔海草甸的清风在动，我的心在动。

就让身心在普达措百花的怀抱中，深深沉醉一次吧，它们开在最美的山坡，经年累月寂寞地落瓣，又年年绽放生机，充满甜蜜的希望。

如果有一天，你也有幸踏上普达措，请你一定要放轻、放慢脚步，在这里，你邂逅的不仅仅是一处旅游观光的风景，更是生命旅途中一处荡涤身心的净土。

我等你，在花开的普达措！

大事记

2006 年

云南省依托碧塔海省级自然保护区和三江并流国家级风景名胜区哈巴雪山景区**划建了**香格里拉普达措国家公园。

2016 年

10月27日，国家发展改革委**批复**《香格里拉普达措国家公园体制试点区试点实施方案》。

2020 年

4月26日，云南省政府**批复实施**《普达措国家公园总体规划（2019—2025年）》。

2018 年

1 月 24 日，云南省将碧塔海省级自然保护区管护局的名称**变更为**香格里拉普达措国家公园管理局。

附录

生态价值
自然景观
动物资源
植物资源
菌类和地衣资源
历史文化价值

位于云南省迪庆藏族自治州香格里拉市境内，周边原住民以藏族和彝族为主。保存了较为原始完整的森林灌丛、高山草甸、湿地湖泊、地质遗迹、河流峡谷生态系统，融丰富的生物多样性、景观多样性、文化多样性为一体，以其独特性、珍稀性、不可替代性和不可模仿性著称。

基本情况

民族文化

地处中国西南边疆少数民族聚集地，是历史上各族人民民间迁徙流动的走廊地区。各民族文化在这片神奇的土地上交流互鉴，相互影响，成为与试点区生物多样性交相辉映的“各美其美、美美与共”的多民族文化大观园。试点区及周边区域拥有遗址、民俗、宗教、文学艺术、雕塑绘画、音乐舞蹈等丰富的民族文化资源。

动物资源

植物资源

菌类和地衣资源

历史文化价值

试点区保存着中国最完整的矮高山栎原始种群，特别是亚高山寒温性针叶林，是中国低纬度、高海拔寒温性针叶林的典型代表，是所在区域的优势和主体生态系统，并具有重要的生态服务功能，是区域和国家重要的生态安全屏障。

试点区是反映地球演化史和重要地质过程的关键地区和杰出代表。所在的中甸高原属于青藏高原东南部和云贵高原的过渡地带，也属于我国地貌的最高一级阶梯世界屋脊青藏高原向第二级地貌阶梯云贵高原的过渡地带，在我国乃至世界均属于独特的地域。

国家一级重点保护野生哺乳动物有云豹、林麝、高山麝；国家一级重点保护鸟类有黑颈鹤、黑鹳、白尾海雕、胡兀鹫、斑尾榛鸡等。

国家一级保护植物有云南红豆杉、云南杓兰等，国家二级保护植物有云南榧树、丽江山荆子、滇牡丹、金铁锁、假乳黄杜鹃、油麦吊云杉、垂枝香柏等。

菌类植物和地衣植物也非常有特色，例如菌类有举世闻名的药材冬虫夏草（国家二级保护植物）、美味的松茸和猴头菇（冬虫夏草和猴头菇已经成为易危物种）；地衣有具有保健功能的雪茶和形成“松萝垂树”生物景观的松萝等。

数千年来，藏、纳西、白、傈僳、汉、彝、回等各民族先民在这里休养生息、共居共生，共同谱写了试点区源远流长的历史文化长卷，造就了以藏族村落文化为主要特色，多姿多彩的各民族文化相辅相成、交流交融的地域文化图谱。

图书在版编目（CIP）数据

人间圣境：香格里拉普达措 / 徐珂著. -- 北京：
中国林业出版社, 2021.9

ISBN 978-7-5219-1268-5

Ⅰ.①人… Ⅱ.①徐… Ⅲ.①国家公园－介绍－
香格里拉 Ⅳ.①S759.992.744

中国版本图书馆CIP数据核字(2021)第145780号

责任编辑　孙　瑶
装帧设计　刘临川
出版发行　中国林业出版社（100009 北京
　　　　　西城区刘海胡同 7 号）
电　　话　010-83143629

印　　刷　北京博海升彩色印刷有限公司
版　　次　2021 年 9 月第 1 版
印　　次　2021 年 9 月第 1 次
开　　本　787mm × 1092mm 1/32
印　　张　5.5
字　　数　53 千字
定　　价　55.00 元